T/CAGHP 015—2018

# 目　次

前言 ································································································· Ⅲ
引言 ································································································· Ⅴ
1 范围 ······························································································· 1
2 规范性引用文件 ··················································································· 1
3 术语和定义 ························································································ 1
4 总则 ································································································ 2
5 施工监理服务取费 ················································································ 3
　5.1 施工监理服务取费的计费额 ·································································· 3
　5.2 施工监理服务取费基价 ······································································· 3
　5.3 施工监理服务取费基准价 ···································································· 3
6 其他阶段监理服务取费 ··········································································· 3
　6.1 勘查监理服务取费 ············································································ 3
　6.2 设计监理服务取费 ············································································ 4
　6.3 保修阶段监理服务取费 ······································································· 4
7 取费基价计算 ······················································································ 4
附录 A（规范性附录） 施工监理复杂程度调整系数表 ········································· 6
附录 B（规范性附录） 勘查监理复杂程度调整系数表 ········································· 7
附录 C（规范性附录） 地质灾害防治工程高程调整系数 ······································ 8
附录 D（规范性附录） 地质灾害防治工程实施基本条件调整系数 ·························· 9
附录 E（规范性附录） 地质灾害防治工程监理与相关服务人员人工日费用标准 ········· 10
附录 F（规范性附录） 施工监理服务取费基价表 ··············································· 11
附录 G（规范性附录） 勘查监理服务取费基价表 ·············································· 12
附录 H（规范性附录） 设计监理服务取费表 ···················································· 13

Ⅰ

# 前 言

本标准按照 GB/T 1.1—2009《标准化工作导则 第 1 部分：标准的结构和编写》给出的规则起草。

本标准附录 A、B、C、D、E、F、G、H 为规范性附录。

本标准由中国地质灾害防治工程行业协会提出并归口。

本标准起草单位：中国国土资源经济研究院、四川省国土资源厅、陕西煤田地质监理事务所、湖北省地质环境总站、中国建筑材料工业地质勘查中心吉林总队。

本标准主要起草人：李闽、杨耀红、孙婧、何勇、郭玲、乐嘉祥、于成龙、白雪华。

本标准由中国地质灾害防治工程行业协会负责解释。

# 引 言

目前,我国在地质灾害防治工程标准体系中缺乏与监理工作相关的费用标准。为规范地质灾害防治工程监理及相关服务取费行为,维护委托与承接双方合法权益,促进地质灾害防治工程监理行业健康发展,特制定本标准。

# 地质灾害治理工程监理预算标准(试行)

## 1 范围

本标准适用于崩塌、滑坡、泥石流、地面塌陷、地面沉降、地裂缝等地质灾害防治工程监理服务，规定了地质灾害防治工程勘查、设计、施工、保修阶段监理与相关服务的取费。

地质遗迹保护及矿山恢复治理工程监理与相关服务取费可参照地质灾害治理工程监理预算标准取费。

## 2 规范性引用文件

下列标准对于本标准的应用是必不可少的。凡是注日期的引用文件，仅所注日期的版本适用于本文件。凡是不注日期的引用文件，其最新版本(包括所有的修改单)适用于本文件。

DZ/T 0222—2006 地质灾害防治工程监理规范

## 3 术语和定义

### 3.1

**监理服务费 supervision service charge**

包括地质灾害治理工程施工阶段的监理服务收费和勘查、设计、保护阶段的相关服务收费。监理服务费由监理人的直接成本、间接成本、利润和税金4部分构成。

### 3.2

**监理服务取费基价 basic price of supervision charging**

完成国家法律法规、规范规定的地质灾害治理工程各相应阶段(勘查、设计、施工)监理基本服务内容的价格。

### 3.3

**监理服务取费基准价 benchmark prices of supervision charging**

按监理服务取费基价和本标准相应的计算公式或方法计算出的监理服务基准收费额。

### 3.4

**监理服务取费总调整系数 total adjustment coefficient**

总调整系数由复杂程度调整系数、高程调整系数和基本条件调整系数构成。复杂程度调整系数包括施工复杂程度调整系数和勘查复杂程度调整系数。其中施工复杂程度调整系数是对不同灾害类型治理工程的施工监理复杂程度和工作量差异进行调整的系数；勘查复杂程度调整系数是对不同灾害类型的勘查监理复杂程度和工作量差异进行调整的系数。复杂程度分为简单、较复杂和复杂3个等级。高程调整系数是对在不同高程下监理服务的难易程度和工作量差异进行调整的系数。基本条件调整系数是对不同地区受经济发展水平和监理人员基本生活条件、工作条件影响造成监理成本支出差异进行调整的系数。

## 3.5

**监理单位直接成本 direct cost of supervision unit**

监理单位履行监理合同时所发生的成本。直接成本包括：
a) 监理人员和辅助人员的工资、奖金、补助、津贴等；
b) 专项开支，包括监理单位进驻监理现场发生的相关通讯费、书报费、文印费、办公费、会议费、医疗费、劳保费、休假探亲费、差旅费、调遣费、常规抽查试验费、检测费、交通费等；
c) 其他费用。

## 3.6

**监理单位间接成本 indirect cost of supervision unit**

允许的全部业务经营开支及非项目的特定开支，包括：
a) 管理人员、行政人员以及后勤人员的工资、奖金、补助和津贴；
b) 经营性业务开支；
c) 办公费，包括办公用品、报刊、会议、文印、交通费等；
d) 差旅费、公用设施使用费；
e) 固定资产折旧及常用工具费、设备使用费；
f) 业务培训费、图书资料购置费；
g) 附加费，包括劳动统筹、医疗统筹、福利基金、工会经费、人身保险、住房公积金、特殊补助等；
h) 其他营业开支，上缴上级主管单位、协会、学会费用。

## 4 总则

4.1 根据《地质灾害防治工程监理规范》（DZ/T 0222—2006），地质灾害防治工程监理分为施工阶段工程监理（以下简称"施工监理"）和其他阶段监理（包括勘查、设计、保修阶段监理）。

4.2 勘查、施工监理费用按相应基价乘以相应总调整系数而得出的基准价进行取费；设计、保修监理费用按相应基价进行取费。

4.3 总调整系数由复杂程度调整系数、高程调整系数和基本条件调整系数构成。复杂程度调整系数分别见附录A和附录B，高程调整系数见附录C，基本条件调整系数见附录D。
a) 总调整系数＝（复杂程度调整系数＋高程调整系数＋基本条件调整系数－调整系数的个数＋1）。
b) 调整系数不能连乘，应将各调整系数相加，减去调整系数的个数，再加上定值1作为总调整系数值。

4.4 发包人将监理服务中的某一部分工作单独发包给监理人，按照其占监理服务工作量的比例计算监理服务取费，其中质量控制和安全生产监督管理服务取费不宜低于监理服务取费额的70％。

4.5 地质灾害防治工程项目的监理服务由两个或者两个以上监理人承担的，各监理人按照其占监理服务工作量的比例计算监理服务取费。若发包人委托其中一个监理人对工程项目监理服务总负责，该监理人按照各监理单位合计监理服务取费额的4％～6％向发包人收取总体协调费。

4.6 由于非监理人原因造成监理工作量增加或减少的，发包人应当按照约定与监理人协商另行支付或扣减相应的监理与相关服务费用。

由于监理人原因造成监理工作量增加的，发包人不另行支付监理与相关服务费用。

4.7 如工程因发包人原因等非施工单位原因造成工期延长,其工程监理费可按延长工期的实际时间与合同工期监理费标准比例进行增加或监理人与发包人根据工程实际情况协商解决,若因施工单位组织不力造成工期延长,其延长工期的实际时间计算的监理费可比照合同工期监理费标准比例进行计算,费用由施工单位支付,并由建设单位代扣代付给监理单位。

4.8 根据地质灾害防治工程实际需要,提供短期监理人工费用可参照附录 E 确定。

4.9 抢险工程和地质灾害应急治理工程的监理服务取费,可将工程结束后产生的工程总费用视作施工阶段的地质灾害治理工程费,参照施工监理服务取费方法。

4.10 实行政府指导价的地质灾害治理工程项目监理取费,按照本标准的规定计算后,根据地质灾害治理工程的实际情况,浮动幅度为上下 20%。

4.11 总则 4.1 以外的其他服务收费国家有规定的,从其规定;国家没有规定的,由发包人与监理单位协商确定。

## 5 施工监理服务取费

### 5.1 施工监理服务取费的计费额

施工监理服务取费以地质灾害治理工程费分档定额计费方式取费。

地质灾害治理工程存在多个灾害点时,应以各灾害点的地质灾害治理工程费分别计取施工监理服务费。

### 5.2 施工监理服务取费基价

施工监理服务取费基价按附录 F 确定,计费额处于两个数值区间的,采用直线内插法确定施工监理服务收费基价。

### 5.3 施工监理服务取费基准价

施工监理服务取费基准价按照下列公式计算:

$$施工监理服务取费基准价 = 施工监理服务取费基价 \times 总调整系数 \quad\quad (1)$$

## 6 其他阶段监理服务取费

### 6.1 勘查监理服务取费

#### 6.1.1 勘查监理服务取费的计费额

勘查监理服务取费以勘查费分档定额计费方式取费。

勘查项目存在多个勘查区时,应按照划分的各勘查区的勘查费分别计取勘查监理服务费。

#### 6.1.2 勘查监理服务取费基价

勘查监理服务取费基价按附录 G 确定,计费额处于两个数值区间的,采用直线内插法确定勘查监理服务收费基价。

#### 6.1.3 勘查监理服务取费基准价

勘查监理服务取费基准价按照下列公式计算:

$$\text{勘查监理服务取费基准价} = \text{勘查监理服务取费基价} \times \text{总调整系数} \quad \cdots\cdots\cdots(2)$$

## 6.2 设计监理服务取费

**6.2.1** 设计监理服务取费参照附录 H。

**6.2.2** 设计监理服务取费的计费额：设计监理服务取费依据设计的工程预算费用取费。地质灾害治理工程存在多个灾害点时，应以各灾害点的工程预算费分别计取设计监理服务费。

## 6.3 保修阶段监理服务取费

**6.3.1** 因工程质量缺陷而需要保修时，监理单位不得另外收取监理服务费。

**6.3.2** 在工程保修期内，因非工程质量缺陷造成工程需要维护时，监理取费可参照附录 E。

## 7 取费基价计算

**7.1** 采用直线内插法的计算方式如下（图1），适用于施工监理和勘查监理取费。

$$y = y_1 + \frac{y_2 - y_1}{x_2 - x_1} \times (x - x_1) \quad \cdots\cdots\cdots(3)$$

式中：

$y$——对应于 $x$ 由插入法计算而得的取费基价；

$y_1$——对应于 $x_1$ 的取费基价；

$y_2$——对应于 $x_2$ 的取费基价；

$x_1$、$x_2$——监理服务计费额的区段值；

$x$——$x_1$、$x_2$ 区段间的插入值。

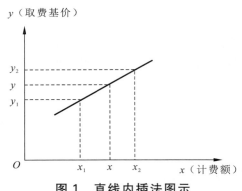

图1 直线内插法图示

某地质灾害治理工程经计算获得的地质灾害治理工程费计费基价为600万元，计算其施工监理取费基价。

根据附录 G 计费额处于区段值500万元（取费基价为16.5万元）与1 000万元（取费基价为30.1万元）之间，则对应于600万元计费额的计费基价。

$$y = 16.5 + \frac{30.1 - 16.5}{1\,000 - 500} \times (600 - 500) = 19.22(\text{万元})$$

**7.2** 施工阶段经计算获得的地质灾害治理工程费计费基价小于30万元的，该项目监理费基价按2万元计取；计费基价大于20 000万元时超出部分按费率1.9%取费。

**7.3** 勘查阶段经计算获得的勘查费计费额小于30万元的，该项目监理费基价按3万元计取；计费额大于1 000万元时超出部分按费率3.6%取费。

7.4 设计阶段经计算的项目总投资不大于 20 000 万元的,该项目监理费基价可直接按附录 H 计取,不再进行直线内插法计算;项目总投资大于 20 000 万元时,总投资每增加 5 000 万元,设计监理取费增加 5 万元。

## 附 录 A
（规范性附录）
## 施工监理复杂程度调整系数表

表 A.1 施工监理复杂程度调整系数表

| 项目 | 复杂程度 | | |
|---|---|---|---|
| | 复杂 | 较复杂 | 简单 |
| 地质灾害 | 1. 特大型；<br>2. 治理灾种＞3 类；<br>3. 治理工程点之间距离 ≥10 km | 1. 大、中型；<br>2. 治理灾种 1～3 类；<br>3. 5 km≤治理工程点距离 ＜10 km | 1. 小型；<br>2. 单一灾种；<br>3. 治理工程点距离＜5 km |
| 治理工程 | 1. Ⅰ级治理工程等级；<br>2. 工程组合类型复杂；<br>3. 必须旁站监理工作日占总工作日 60% 以上 | 1. Ⅱ级治理工程等级；<br>2. 工程组合类型较复杂；<br>3. 必须旁站监理工作日占总工作日 30%～60% | 1. Ⅲ、Ⅳ级治理工程等级；<br>2. 工程类型单一；<br>3. 必须旁站监理工作日占总工作日 30% 以下 |
| 环境条件 | 1. 治理工程地形复杂，相对高差＞200 m，坡度＞25°为主；<br>2. 气象水文条件复杂，交通极不方便 | 1. 治理工程地形较复杂，相对高差 50 m～200 m，坡度 8°～25°；<br>2. 气象水文条件较复杂，交通条件较差 | 1. 治理工程地形简单，相对高差＜50 m，坡度＜8°为主；<br>2. 气象水文条件较好，交通便利 |
| 调节系数 | 1.3 | 1.2 | 1.0 |
| 注：符合地质灾害、治理工程和环境条件中的任何一条，即可确定为对应的复杂程度；当复杂程度不一致时，按就高原则确定复杂程度级别。 | | | |

# 附 录 B
（规范性附录）
## 勘查监理复杂程度调整系数表

表 B.1 勘查监理复杂程度调整系数表

| 复杂程度 | 类型 | 系数 |
|---|---|---|
| 复杂 | 地质灾害应急勘查，井深超过 20 m 的井下作业，5 种以上勘查手段，勘查路线长度＞3 km，工作区间相对高差＞300 m | 1.3 |
| 较复杂 | 井深不超过 20 m，＞5 m 的井下作业，3～5 种勘查手段，1 km＜勘查路线长度≤3 km，工作区间相对高差＞100 m，＜300 m | 1.2 |
| 简单 | 井深不超过 5 m 的井下作业，2 种及以下勘查手段，勘查路线长度＜1 km，工作区间相对高差＜100 m | 1.0 |

## 附 录 C
### （规范性附录）
### 地质灾害防治工程高程调整系数

表 C.1 地质灾害防治工程高程调整系数

| 序号 | 海拔高程 $H$/m | 调整系数 |
| --- | --- | --- |
| 1 | $H \leqslant 2\,000$ | 1.0 |
| 2 | $2\,000 < H \leqslant 3\,000$ | 1.1 |
| 3 | $3\,000 < H \leqslant 3\,500$ | 1.2 |
| 4 | $3\,500 < H \leqslant 4\,000$ | 1.3 |
| 5 | $4\,000 < H \leqslant 4\,500$ | 1.4 |
| 6 | $4\,500 < H \leqslant 5\,000$ | 1.5 |
| 注：海拔高程 5 001 m 以上的，高程调整系数由业主和监理单位协商确定。海拔高程按工程实施区间的平均高程进行计算。地质灾害防治工程高程调整系数适用于施工监理和勘查监理。 | | |

## 附 录 D
（规范性附录）
### 地质灾害防治工程实施基本条件调整系数

表 D.1 地质灾害防治工程实施基本条件调整系数

| 等级条件 | 基本条件 | 调整系数 |
|---|---|---|
| 差 | 1. 经济不发达，物质生活品极为匮乏；<br>2. 远离城镇，治理项目距城镇距离＞100 km，道路交通条件差；<br>3. 生活、住宿和工作等条件很不便利 | 1.3 |
| 较差 | 1. 经济不发达，物质生活品较为匮乏；<br>2. 治理项目距城镇距离 20 km～100 km，道路交通条件较差；<br>3. 生活、住宿和工作等条件不够便利 | 1.2 |
| 一般 | 1. 经济不发达，物质生活品一般；<br>2. 治理项目距城镇距离＜20 km，道路交通条件较好；<br>3. 生活、住宿和工作等条件较便利 | 1.0 |

附 录 E
(规范性附录)
地质灾害防治工程监理与相关服务人员人工日费用标准

表 E.1 地质灾害防治工程监理与相关服务人员人工日费用标准

| 地质灾害防治工程监理与相关服务人员职级 | 工日费用标准/元 |
|---|---|
| 正高及以上专业技术职称的监理与相关服务人员 | 1 000~1 200 |
| 高级专业技术职称的监理与相关服务人员 | 800~1 000 |
| 中级专业技术职称的监理与相关服务人员 | 600~800 |
| 初级及以下专业技术职称监理与相关服务人员 | 300~600 |

## 附 录 F
### （规范性附录）
### 施工监理服务取费基价表

表 F.1 施工监理服务取费基价表

| 序号 | 计费额（地质灾害治理工程费）/万元 | 取费基价/万元 |
|---|---|---|
| 1 | 30 | 2.00 |
| 2 | 50 | 3.30 |
| 3 | 100 | 5.00 |
| 4 | 200 | 8.00 |
| 5 | 300 | 10.50 |
| 6 | 500 | 16.50 |
| 7 | 1 000 | 30.10 |
| 8 | 3 000 | 78.10 |
| 9 | 5 000 | 120.80 |
| 10 | 8 000 | 181.00 |
| 11 | 10 000 | 218.60 |
| 12 | 20 000 | 393.40 |
| 注：地质灾害治理工程费计费额小于30万元的，该项目监理费基价按2万元计取；计费额大于20 000万元时超出部分按费率1.9%取费。 | | |

## 附 录 G
（规范性附录）
勘查监理服务取费基价表

**表 G.1 勘查监理服务取费基价表**

| 序号 | 计费额（勘查费）/万元 | 取费基价/万元 |
|---|---|---|
| 1 | 30 | 3.0 |
| 2 | 50 | 4.8 |
| 3 | 100 | 7.0 |
| 4 | 200 | 10.8 |
| 5 | 300 | 13.7 |
| 6 | 500 | 20.6 |
| 7 | 1 000 | 36.1 |
| 注：勘查阶段计费额小于30万元的，该项目监理费基价按3万元计取；计费额大于1 000万元时超出部分按费率3.6%取费。 | | |

## 附 录 H
（规范性附录）
## 设计监理服务取费表

**表 H.1 设计监理服务取费表**

| 序号 | 计费额 M（工程概（预）算费用）/万元 | 取费额/万元 |
| --- | --- | --- |
| 1 | $M \leqslant 100$ | 3.0 |
| 2 | $100 < M \leqslant 300$ | 4.0 |
| 3 | $300 < M \leqslant 500$ | 5.0 |
| 4 | $500 < M \leqslant 1\,000$ | 7.0 |
| 5 | $1\,000 < M \leqslant 2\,000$ | 10.0 |
| 6 | $2\,000 < M \leqslant 3\,000$ | 15.0 |
| 7 | $3\,000 < M \leqslant 5\,000$ | 20.0 |
| 8 | $5\,000 < M \leqslant 10\,000$ | 30.0 |
| 9 | $10\,000 < M \leqslant 20\,000$ | 40.0 |

注：设计阶段经计算项目总投资大于 20 000 万元时，总投资每增加 5 000 万元，设计监理取费增加 5 万元。